BEI GRIN MACHT SICH IHR WISSEN BEZAHLT

- Wir veröffentlichen Ihre Hausarbeit,
  Bachelor- und Masterarbeit

- Ihr eigenes eBook und Buch -
  weltweit in allen wichtigen Shops

- Verdienen Sie an jedem Verkauf

Jetzt bei www.GRIN.com hochladen
und kostenlos publizieren

Bibliografische Information der Deutschen Nationalbibliothek:

Die Deutsche Bibliothek verzeichnet diese Publikation in der Deutschen National-
bibliografie; detaillierte bibliografische Daten sind im Internet über http://dnb.d-
nb.de/ abrufbar.

Impressum:

Copyright © 2009 GRIN Verlag, Open Publishing GmbH
Druck und Bindung: Books on Demand GmbH, Norderstedt Germany
ISBN: 9783640536146

Dieses Buch bei GRIN:

http://www.grin.com/de/e-book/142235/das-sahel-syndrom-als-ein-fallbeispiel-des-
syndromansatzes-und-seine-anwendung

Indra Wefer

Das Sahel-Syndrom als ein Fallbeispiel des Syndromansatzes und seine Anwendung in der Schule

GRIN Verlag

1 Einleitung

Die vorliegende Arbeit schließt sich an das von mir im Sommersemester 2009 belegte geographiedidaktische Seminar „Das Mensch-Umwelt-Thema im Geographieunterricht" an.

Ich möchte mich mit dem Syndromansatz, einem in den 1990er Jahren von dem WGBU entwickelten Ansatz zur Erdsystemanalyse, und dessen Anwendungsmöglichkeit in der Schule näher auseinandersetzen. Zunächst soll dabei auf die Entstehung des Syndromkonzeptes eingegangen werden, wobei auch der Globale Wandel und die Nachhaltige Entwicklung zentrale Rollen spielen. Eines der sechszehn weltweit auftretenden Syndrome ist das Sahel-Syndrom, welches im Anschluss an die Vorstellung des Konzepts als Beispiel herangezogen werden soll. Dabei wird die Sahel-Problematik geschildert und es werden sowohl negative als auch positive Aspekte, die syndromstärkend bzw. -schwächend auftreten, vorgestellt. Die Analyse des Sahel-Syndroms soll konkret verdeutlichen, wie innerhalb einer Problemanalyse trotz der möglichen Fokussierung auf spezielle Teilbereiche wie z.B. der Pedosphäre die Vernetzung zu anderen Teildisziplinen der Geographie notwendig wird (vgl. Schindler 2005, S. 13). Die Arbeit wird mit der Herstellung des Schulbezuges abgerundet. Dabei soll der Versuch unternommen werden den Syndromansatz als Analyseinstrument für die Nutzung in der Schule anzuwenden. Ob dieses Konzept im Erdkundeunterricht in der Schule erfolgreich angewandt oder doch eher verworfen werden kann, soll in diesem Kapitel geklärt werden.

2 Die Entwicklung des Syndromkonzeptes durch den WBGU

Der Wissenschaftliche Beirat der Bundesregierung Globale Klimaveränderungen, verkürzt auch als WBGU bezeichnet, wurde 1992 als interdisziplinäres Wissenschaftlergremium eingerichtet, um in Jahresberichten und Sondergutachten die Bundesregierung zu Fragen des Globalen Wandels zu beraten und um politische Handlungsempfehlungen für eine nachhaltige Entwicklung zu geben. Die Grundzüge der Arbeit des WBGU sind in einem Hauptgutachten wie folgt formuliert: „Forschung zu Globalen Wandel muß sich also mit der Diagnose, Prognose und Bewertung der globalen Trends, der Vermeidung negativer Entwicklungen (Prävention), der ‚Reparatur' bereits eingetretener Schäden (Sanierung) sowie der Anpassung an Unvermeidliches (Adaption) befassen. Hierzu müssen die bestimmenden Wechselwirkungen zwischen diesen Trends erfaßt, beschrieben und erklärt werden." (s. Schindler 2005, S. 47).

Der WBGU arbeitet u.a. mit dem Potsdamer Institut für Klimafolgenforschung (PIK) und dem Projekt „Syndromdynamik" des Bundesministeriums für Bildung und Forschung zusammen, die sich seit 1993 mit dem Syndromansatz um einen neuen Ansatz zur Erdsystemanalyse bemühen.

(vgl. Pilardeaux 1998, S. 314) Der Syndromansatz soll an der Schnittstelle zwischen Analyse und Therapie ansetzen und übernimmt die schwierige Herausforderung des vernetzenden Wissenstransfers. Durch die interdisziplinäre Zusammenarbeit wird versucht, eine möglichst breite Plausibilität und damit eine hohe Anschlussfähigkeit der Ergebnisse zu erreichen. (Schindler 2005, S. 11)

3 Der Globale Wandel, die damit verbundene Umwelt- und Entwicklungskrise und das Konzept der Nachhaltigkeit

Seit der Industrialisierung im 19. Jahrhunderts ist die Welt einem tiefgreifenden Wandel unterworfen, der in der heutigen Umwelt- und Entwicklungskrise Ausdruck findet. Der Mensch greift in die Umwelt ein und verändert somit seine eigenen Lebensgrundlagen. Vor Eingriff seitens des Menschen waren Veränderungen vermehrt durch die Dynamik des Systems selbst verursacht worden. Zugleich unterliegen in der Zeit seit der Industrialisierung Produktions- und Konsummuster einem stetigen Veränderungsprozess. Der Mensch wird damit gleichermaßen zum Verursacher und Betroffenen der Veränderungen im Erdsystem und übt daher einen großen Einfluss auf den Globalen Wandel aus. Aus diesem Globalen Wandel entstehen Kernprobleme wie etwa die Bodendegradation, die Verschmutzung der Weltmeere, die Gefährdung der Ernährungssicherheit oder der Klimawandel. Diese Phänomene bestehen meistens aus vielen Einzelphänomenen, die eng miteinander verbunden sind. Eine Schwierigkeit bei der Bestimmung und Aufzählung von Kernproblemen ist aber, dass sie nicht die Problematik aufzeigen, die es hinsichtlich der Wechselwirkungen zwischen diesen Kernproblemen oder anderen global zu beobachtenden Entwicklungen gibt. (Pilardeaux 1998, S. 313)

Es zeigt sich, dass der Globale Wandel ein komplexes und dynamisches System ist, in dem Mensch und Umwelt interagieren. Die Idee einer Nachhaltigen Entwicklung gewinnt aus diesem Grund mehr und mehr an Bedeutung. Die Grundsätze der Nachhaltigen Entwicklung bauen auf verschiedene Kernideen auf. So muss beispielsweise eine intergenerationelle Gerechtigkeit aufgebaut werden. Das bedeutet genauer, dass die Befriedigung der Bedürfnisse der nächsten Generation nicht durch die der heutigen Generation beeinflusst werden darf. Darüber hinaus wird auf die intragenerationelle Gerechtigkeit besonderen Wert gelegt. Auf diese Weise wird dafür Sorge getragen, dass die Entwicklungsländer nachrücken und die Wohlstandsschere möglichst minimiert wird. Dem Eigenwert von Ökosystemen wird ebenfalls ein großer Stellenwert im Rahmen der Nachhaltigen Entwicklung eingeräumt. Das in den 1990ern vom WBGU entworfene Syndromkonzept soll Entwicklungen aufdecken, die auf dem Weg zu einer Nachhaltigen Entwicklung vermieden werden sollen. Sie stellen damit ein wissenschaftliches Instrument dar, mit dem Nachhaltigkeitsstrategien bewertet werden können. (vgl. Cassel-Gintz 2002, S. 6) Auch eine Lösung für die Problematik, die sich hinsichtlich der Wechselwirkungen der beschriebenen Kernprobleme ergibt, ist im Syndromansatz zu finden, der im Folgenden beschrieben werden soll.

4   Der Syndromansatz – Inhalte und Ziele

Das Wort „Syndrom" leitet sich aus dem Altgriechischen ab und bezeichnet ein Zusammenfließen verschiedener Faktoren. Im medizinischen Bereich stellen Syndrome komplexe Krankheitsbilder dar. Syndrome im vorliegenden Syndromansatz können dem Prinzip der medizinischen Diagnostizierung nutzend auch als Krankheitsbilder der Erde gesehen werden, die an unterschiedlichen Orten der Erde auftreten und interdisziplinär untersucht werden können. Als globale Krankheitsbilder können beispielsweise das Waldsterben, der saure Regen sowie die globale Klimaerwärmung und der Treibhauseffekt gesehen werden, die sich vor allem über Medienberichte in das menschliche Bewusstsein eingebrannt haben. Auf diese Weise erregen die Risiken bestimmter Mensch-Umwelt-Interaktionen auch das öffentliche Interesse. (Schindler 2005, S. 9 ff.)

Im Jahr 1993 beschloss der WBGU, dass unter Berücksichtigung vernetzenden Denkens ein Instrument zur Identifikation der wichtigsten Elemente im Rahmen des Globalen Wandels und deren Zusammenspiel entwickelt werden muss. (vgl. Schindler 2005, S. 47) Der Syndromansatz, der in den Folgejahren im Rahmen des QUESTIONS-(QUalitativE dynamics of Syndroms ad TransitION to Sustainability)Projekt am PIK entwickelt und verfeinert wurde, ist interdisziplinär angelegt und kann „als konzeptionelle Antwort auf diesen Querschnittscharakter von Problemen des Globalen Wandels" (Pilardeaux 1998, S. 314) gesehen werden. Der Syndromansatz sieht vor, die Wechselwirkungen von Naturveränderungen und globalen Entwicklungsproblemen zu verdeutlichen, Früherkennungs- und Prognosemöglichkeiten zu entwickeln und schließlich auch Strategien zur Problembewältigung abzuleiten. Aus diesem Grund ist es durch das Syndromkonzept auch möglich, neben der vernetzungs- und verständnisorientierten Politikberatung eine Möglichkeit für ein geographisches Forschen und Lehren zu bieten. (vgl. Schindler 2005, S. 12)
Grundbegriffe, die im Rahmen des Syndromkonzeptes immer wieder auftauchen, sind „Symptome", „Wechselwirkungen" und „Syndrome" (vgl. Schindler 2005, S. 51). Die Syndrome, also die Krankheitsbilder der Erde, werden über die gleichen global auftauchenden relevanten Eigenschaften charakterisiert. Syndrome sind transregional, transsektoral und dynamisch. Transregional bedeutet, dass das gleiche Muster in verschiedenen Regionen der Welt vertreten sein kann. Transsektoral deutet darauf hin, dass das Syndrom durch verschiedene Sphären des Erdsystems konstituiert wird (Hydrosphäre, Atmosphäre usw.).

Der WBGU hat sich anhand seiner Jahresgutachten auf sechzehn Syndrome des Globalen Wandels geeinigt. In der folgenden Abbildung werden diese Syndrome aufgelistet und in Beziehung zu den sie betreffenden Kernproblemen, also den Symptomen, gesetzt:

Abb. 1: Die sechszehn Syndrome und die damit verbundenen Kernprobleme

Syndrom \ Kernproblem	Klimawandel	Verlust an Biodiversität	Bodendegradation	Süßwasserverknappung	Gefährdung der Weltgesundheit	Gefährdung der Welternährung	Bevölkerungsentwicklung	Anthropogene Naturkatastrophen	Übernutzung und Verschmutzung der Weltmeere	Globale Entwicklungsdisparitäten
Sahel-Syndrom		•	•	•		•	•	•		•
Raubbau-Syndrom	•	•	•	•				•	•	•
Landflucht-Syndrom		•	•			•	•	•		•
Dust-Bowl-Syndrom	•	•	•	•		•		•		
Katanga-Syndrom		•	•	•						
Massentourismus-Syndrom		•	•	•				•		
Verbrannte-Erde-Syndrom		•	•		•	•	•			•
Aralsee-Syndrom	•	•	•	•			•	•		•
Grüne-Revolution-Syndrom		•	•	•	•	•	•			•
Kleine-Tiger-Syndrom	•	•	•	•	•		•			•
Favela-Syndrom	•		•	•	•		•			•
Suburbia-Syndrom	•	•	•	•						
Havarie-Syndrom		•	•		•					
Hoher-Schornstein-Syndrom	•	•	•		•	•		•		
Müllkippen-Syndrom		•	•		•					
Altlasten-Syndrom		•	•		•				•	

Quelle: http://www.omnia-verlag.de/oe_img/Umwelt_02/Zuordnung.jpg (abgerufen am 28.11.09)

Die regionalen Namen der Syndrome wie etwa auch der des Sahel-Syndroms bezeichnen „nur typische, allgemeinbekannte Beispiele der in ähnlichen Konstellationen vorkommenden Syndrome. In der regionalen Ausprägung der einzelnen Syndrome können verschiedene Symptome hinzukommen, fehlen oder in abgewandelter Art und Weise auftreten." (s. Schindler 2005, S. 56).

Diese Syndrome wurden zusätzlich in drei Gruppen untergliedert, und zwar in die Gruppen „Nutzung", „Entwicklung" und „Senken". Die Syndrome der Gruppe „Nutzung" sind darüber gekennzeichnet, dass sie infolge einer unangepassten Nutzung von natürlichen Ressourcen als Produktionsfaktoren auftreten. Problematische Mensch-Umwelt-Interaktionen, die sich im Zusammenhang mit nicht-nachhaltigen Entwicklungsprozessen ergeben, sind der Gruppe „Entwicklung" zuzuordnen. Syndrome, die als Umweltdegradationen das Ergebnis einer unangepassten Entsorgung von Stoffen in Umweltmedien sind, gehören schließlich der Gruppe „Senken" an. (vgl. Pilardeaux 1998, S. 314)

Abb. 2: Liste der Syndrome des Globalen Wandels

Syndromgruppe *„Nutzung"*

1. Landwirtschaftliche Übernutzung marginaler Standorte: Das SAHEL-SYNDROM

2. Raubbau an natürlichen Ökosystemen: Das RAUBBAU- SYNDROM

3. Umweltdegradation durch Preisgabe traditioneller Landnutzungsformen: Das LAND-FLUCHT-SYNDROM

4. Nicht-nachhaltige industrielle Bewirtschaftung von Böden und Gewässern: Das DUST-BOWL-SYNDROM

5. Umweltdegradation durch Abbau nicht-erneuerbarer Ressourcen: Das KATANGA-SYNDROM

6. Erschließung und Schädigung von Naturräumen für Erholungszwecke: Das MASSENTOURISMUS-SYNDROM

7. Umweltzerstörung durch militärische Nutzung: Das VERBRANNTE-ERDE-SYNDROM

Syndromgruppe *„Entwicklung"*

8. Umweltschädigung durch zielgerichtete Naturraumgestaltung im Rahmen von Großprojekten: Das ARALSEE-SYNDROM

9. Umweltdegradation durch Verbreitung standortfremder landwirtschaftlicher Produktionsverfahren: Das GRÜNE-REVOLUTION-SYNDROM

10. Vernachlässigung ökologischer Standards im Zuge hochdynamischen Wirtschaftswachstums: Das KLEINE-TIGER-SYNDROM

11. Umweltdegradation durch ungeregelte Urbanisierung: FAVELA-SYNDROM

12. Landschaftsschädigung durch geplante Expansion von Stadt- und Infrastrukturen: Das URBAN-SPRAWL-SYNDROM

13. Singuläre anthropogene Umweltkatastrophen mit längerfristigen Auswirkungen: Das HAVARIE-SYNDROM

Syndromgruppe *„Senken"*

14. Umweltdegradation durch weiträumige diffuse Verteilung von meist langlebigen Wirkstoffen: Das HOHER-SCHORNSTEIN-SYNDROM

15. Umweltverbrauch durch geregelte und ungeregelte Deponierung zivilisatorischer Abfälle: Das MÜLLKIPPEN-SYNDROM

16. Lokale Kontamination von Umweltschutzgütern an vorwiegend industriellen Produktionsstandorten: Das ALTLASTEN-SYNDROM

Quelle: Schindler 2005, S. 90

Die Trends des Globalen Wandels, die in diesem Konzept auch als Symptome bezeichnet werden, sind die grundlegenden Elemente, die zur systematischen Beschreibung des Globalen Wandels, also der weltweit bedeutsamen Veränderungen herangezogen werden. Sie geben somit die wichtigsten Entwicklungen des Globalen Wandels wider und bezeichnen natürliche oder anthropogene Phänomene, ohne dabei die Vorgänge im Detail aufzulösen. Die Symptome bilden zusammen das Muster der globalen Entwicklung. Symptome sind keine einfach zu indizierenden Basisvariablen, sondern können qualitative Aussagen machen wie beispielsweise „wachsendes Umweltbewusstsein", „Süßwasserverknappung" oder „Ausbreitung westlicher Konsum und Lebensstile". Der WBGU verfügt über eine Beschreibung von etwa 80 Symptomen, die die global relevanten Entwicklungen betreffen. Eine Herausforderung stellt die Indizierung solcher qualitativen Elemente dar. (vgl. Pilardeaux 1998, S. 314) Symptome können aus den verschiedensten geonomen Bereichen kommen. Einen Überblick über das Vorkommen von Symptomen gibt die folgende Tabelle:

Abb. 3: Globale Symptom-Sammlung

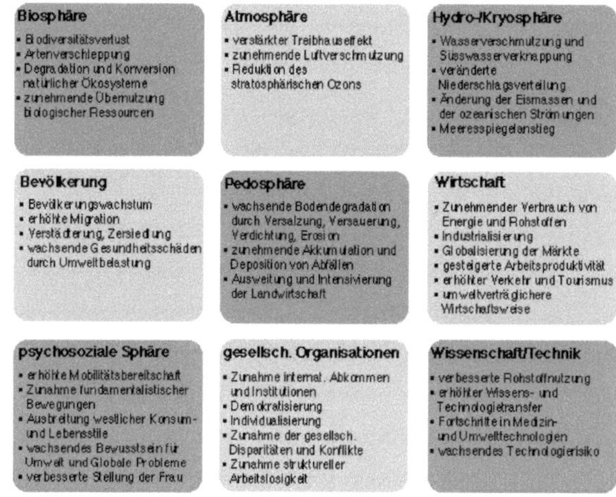

Quelle: Cassel-Gintz 2002, S. 6

Die reine Auflistung von Symptomen ist zur Veranschaulichung der Syndromproblematik allerdings nicht ausreichend. Nur die Kenntnis der genauen Zusammenhänge einzelner Symptome erlaubt ein problemlagenbezogenes Handeln im Zuge des Globalen Wandels. In der folgenden Abbildung sind Symptomkonstellationen und die entsprechenden Wechselwirkungen dargestellt. Die Symbole, welche mit den Buchstaben A, B und C kennzeichnet sind, stehen für verschiedene Symptome innerhalb eines Syndroms. (vgl. Cassel-Gintz 2002, S.11).

Abb. 4: Wechselwirkungen zwischen Symptomen und deren Symbolisierung

Wechselwirkung	Symbol
B ist eine monoton steigende Funktion von A	A → B
B ist eine monoton fallende Funktion von A	A → B
B ist eine unbekannte Funktion von A	A ? B
B ist Summe aus einer monoton steigenden Funktion von A und einer monoton steigenden Funktion von C	A → B, C
B ist Summe aus einer monoton steigenden Funktion von A und einer monoton fallende Funktion von C	A → B, C
B ist eine nicht-linear monoton steigende Funktion von A und C	A → B, C
B ist eine nicht-lineare Funktion von A und , mit monoton steigender Abhängigkeit von A und monoton fallender Abhängigkeit von C	A → B, C
A ist monoton steigende Funktion von C und B ist monoton steigende Funktion von C	A B, C

Quelle: http://www.pik-potsdam.de/research/publications/pikreports/.files/pr71.pdf (abgerufen am 30.11.09)

Syndrome können sich aus mehreren Symptomen zusammensetzen. Sie können als funktionale Muster problematische Mensch-Umwelt-Interaktionen darstellen. Die nicht-nachhaltigen Syndrome, die anthropogen verursacht werden, können nur über die Wechselwirkungen zwischen den einzelnen Elementen erklärt werden.

Syndrome werden schrittweise diagnostiziert und interpretiert. Zunächst wird ein syndromspezifisches Beziehungsgeflecht konstruiert, in dem alle Symptome, die dem jeweiligen Syndrom angehören, aufgelistet werden. Anschließend wird durch Pfeilverbindungen verdeutlicht, inwiefern sich Symptome gegenseitig verstärken oder abschwächen können. Unklare Symptomverhältnisse werden durch Fragezeichensymbole gekennzeichnet. Infolgedessen muss der Syndromkern identifiziert werden. Dies bedeutet genauer, all jene Symptome aufzuzeigen, die als Ursache für die Syndromentwicklung herangezogen werden können. Als Grundlage für die Syndrombestimmung dienen die Ergebnisse der Grundlagenforschung, das interdisziplinäre Expertenwissen sowie die systematische Aufarbeitung regionaler Fallstudien. (vgl. Schindler 2005, S. 12)

Entscheidender Vorteil des Syndromansatzes ist, dass er dynamisch und interdisziplinär angelegt ist und somit den Globalen Wandel besser zu beschreiben vermag. Die Beschreibung der Symptome erfolgt auf globalem Niveau, schließt aber eine lokale Sichtweise der Probleme nicht aus. Aus diesem Grund ist der systemtheoretische Syndromansatz auch als akteurs- und handlungsorientiert einzuordnen. Ein weiterer Vorteil des Syndromkonzepts liegt darin, dass auch zwischen den einzelnen Syndromen Zusammenhänge aufgedeckt werden können. Maßnahmen, die das eine Syndrom beseitigen können, können ein anderes intensivieren und umgekehrt. Durch das Syndromkonzept ist eine Übersicht gegeben, da die Informationsfülle entsprechend reduziert werden kann.

Die Koinzidenz ist eine solche Form des Zusammenhangs zwischen Syndromen. In diesem Fall treten zwei verschieden Syndrome in einer Region auf. In besonders anfälligen Regionen kann dies zu größeren Schwierigkeiten führen. Eine stärkere Form der Syndromkopplung ist die Kopplung durch gemeinsame Symptome. Dabei können nicht nur Symptome verstärkend oder abschwächend aufeinander wirken, sondern auch ganze Syndrome. So kann beispielsweise die durch das Raubbau-Syndrom verursachte Umweltdegradation dazu führen, dass die Disposition einer Region für das Sahel-Syndrom verstärkt wird. Der Syndrommechanismus kann dadurch beschleunigt ablaufen. (vgl. Cassel-Gintz 2002, S. 16 und s. Kap. 5)

Ein weiterer Vorteil des Syndromansatzes ist, dass sich über ihn auch abschätzen lässt, welche Regionen der Erde für bestimmte Syndrome anfällig sind oder in Zukunft sein könnten. Man unterscheidet bezüglich der Anfälligkeit für ein Syndrom zwischen Dispositions- und Expositionsfaktoren. Dabei sind die Expositionsfaktoren diejenigen Faktoren, die als auslösende, eher konjunkturelle Einflüsse einzuordnen sind. Bei der Exposition werden die verschiedenen Faktoren untersucht, die den Ausbruch eines Syndroms verursachen können. Dieses können z.B. auch plötzlich auftretende Faktoren wie der Mauerfall sein. Die Dispositionsfaktoren sind Einflüsse, die die strukturellen Bedingungen beschreiben. Das Dispositionskonzept untersucht die Anfälligkeit einer bestimmten Region in Bezug auf ein Syndrom. Es bietet dabei Informationen, inwiefern eine Region gefährdet ist, ein bestimmtes Syndrom auszubilden. Ein weiteres Konzept hingegen, das Intensitätskonzept, gibt die Stärke des Auftretens eines Syndroms wieder. Dabei beschreibt die Stärke des Syndromkerns die Stärke des gesamten Syndroms.

Aufbauend auf der Analyse einzelner Syndrome soll ihre Dynamik mit Hilfe geeigneter Methoden wie z.B. durch qualitative Differentialgleichungen oder durch den „unscharfen Blick" der sog. „Fuzzy-Logik" modelliert werden.[1] Auf diese Weise ist es möglich, auch qualitative Informationen mit einzubeziehen. Schindler erläutert hinsichtlich der Syndromprognose: „Hiermit wird eine Methodik für ein Validierungsverfahren der Syndrommechanismen bereitgestellt, wie sie z.B. aus Fallstudien gewonnen werden können, mit Hilfe des Modells ‚nachhergesagt' werden (Hindcasting). Durch die modellgestützte Bewertung von präventiven und kurativen Handlungsempfehlungen für die politischen Entscheidungsträger kann die potentielle Nutzbarkeit des Ansatzes für eine systematische Politikanalyse illustriert werden." (s. Schindler 2005, S. 55).

Insgesamt besteht das Ziel des Syndromansatzes darin, die „Wechselwirkungen von Naturveränderungen und globalen Entwicklungsproblemen zu verstehen und entsprechend Früherkennungs- und Prognosemöglichkeiten zur Problembewältigung zu entwickeln" (s. Cassel-Gintz 2002, S. 7). Es werden dazu positive Rückkopplungsschleifen gesucht, um an geeigneter Stelle am Syndrom anzusetzen und über Unterbrechungen bzw. über Veränderungen die selbstverstärkende Wirkung von Negativeffekten zu verhindern bzw. die Positiveffekte zu verstärken. (vgl. Pilardeaux 1998, S. 315) Mit Hilfe der Identifikation und Evaluation von Handlungsoptionen soll so schließlich eine Nachhaltige Entwicklung gewährleistet werden.

5   Das Sahel-Syndrom

Das Sahel-Syndrom ist eines der vom WBGU aufgelisteten anthropogen verursachten, nichtnachhaltigen Erscheinungen bzw. Mensch-Umwelt-Beziehungen. In einem ersten Schritt möchte ich über die örtlichen Gegebenheiten im Sahel zu sprechen kommen bevor ich näher auf die Anwendung des Syndromansatzes bezüglich der Sahel-Problematik eingehe.

Der Sahel (arab. Ufer) ist ein Übergangsgebiet zwischen dem nordafrikanischen Wüstengürtel der Sahara und der Savanne und wird allgemein über den Schlüsselfaktor Niederschlag abgegrenzt. Folgende Abbildung zeigt die regionale Einordnung der Sahelzone, die ungefähr entlang der

---

[1] Näheres zu diesen Methoden, s. Schindler 2005, Kap 3.1

200mm Isohyte, also der Linie gleichen Niederschlags, im Norden und der 600mm Isohyte im Süden verläuft:

Abb. 5: Niederschläge im Sahel

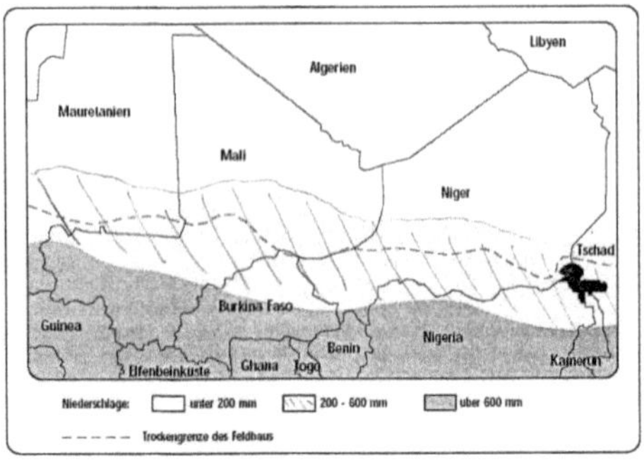

Quelle: verändert nach Schindler 2005, S. 66

Die Sahelzone umfasst dementsprechend die Länder Mauretanien, Mali, Niger, Tschad, Burkina Faso sowie die nicht in der Abbildung ersichtlichen Länder Äthiopien, Cap Verde, Gambia, Guinea Bissau, Senegal und den Sudan. Letztere liegen nur teilweise in der Sahelzone.

In weiten Teilen der Sahelzone ist der „Arenosol" (FAO-Nomenklatur) der vorherrschende Bodentyp. Dieser Typ entspricht den sog. Altdünen, die sehr sandig sind. Die Bodenbeschaffenheit verändert sich mit der zonalen Gliederung des Niederschlags. Der WBGU hält diesbezüglich fest: „Mit zunehmenden Niederschlägen nach Süden hin sind die Böden stärker ausgewaschen, verwittert, stärker eisenhaltig und rötlicher als im Norden." (s. Schindler 200, S. 67) Zudem sind diese Böden arm an organischer Substanz und die Kohlenstoffgehalte liegen meistens unter 0,3%. Die Wasserspeicherfähigkeit, die Tiefgründigkeit und die Strukturstabilität sowie die für die Nährstoffversorgung der Pflanzen wichtige Kationenaustauschkapazität sind niedrig. (ebenda) Es lässt sich festhalten, dass die Böden des Sahel für die landwirtschaftliche Nutzung geeignet sind, doch nur in beschränktem Ausmaß, was Ertragsproduktivität und Nutzungsintensivität betrifft. (vgl. Schindler 2005, S. 68)

Jedes Jahr gehen in der Sahelzone seit der großen Dürre Anfang der 1970er Jahre schätzungsweise 1,5 Mio. ha landwirtschaftliche Nutzfläche durch verschiedene Erosionsformen und Degradation verloren. Inzwischen sind nach Aussage des WBGU bereits 90% des Weidelandes und 80% des unbewässerten Ackerlandes von zumindest schwacher Desertifikation betroffen (s. Schindler 2005, S. 65). Bevölkerungsgruppen, die hiervon besonders betroffen sind, sind die Kleinbauern, Nomaden, Landlose, Frauen und ethnische Minderheiten.

Abbildung 6 zeigt die Ausmaße der Bodendegradation im Sahel. Die Böden der Sahelzone sind in weiten Teilen von Erosionsprozessen betroffen, was für diese Region nachhaltige Folgen für die Bodenfunktionen nach sich zieht. (vgl. Schindler 2005, S. 68)

Abb. 6: Bodendegradation im Sahel

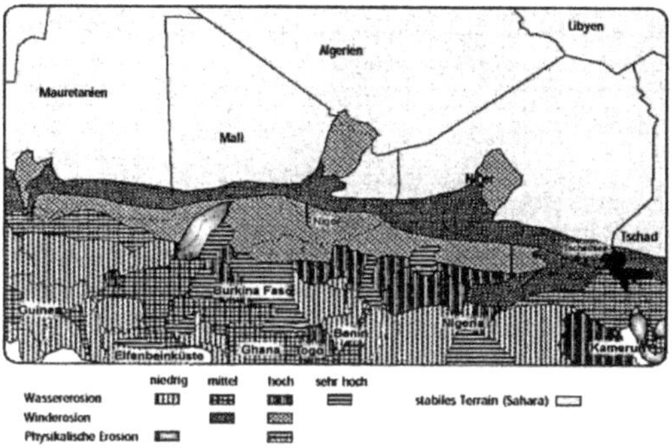

Quelle: Schindler 2005, S. 69

Der WBGU beschreibt in seinem Jahresgutachten aus dem Jahr 1994 die physischen Ursachen der Bodendegradation in der Sahelzone. Dabei wird die Übernutzung der Sahelböden durch unangepasste Landnutzungsformen als Ursache herangezogen. (s. Schindler 2005, S. 73; Abb. s. Anhang) Zusammen mit der hohen naturräumlichen Disposition kann dieses als Ausgangsbedingung für die Anfälligkeit der Sahelböden gegenüber Degradationserscheinungen gesehen werden.

Der Syndromansatz muss an dieser Stelle herangezogen werden, um nach den Ursachen der unangepassten Nutzung zu fragen. Geht man dieser Frage nach, so erlangt man zu Erkenntnissen, die dem Bereich der Anthroposphäre entspringen und die auf nicht-nachhaltige Verhaltensweisen hinweisen. (vgl. Schindler 2005, S. 75) Auf diese Weise kann die Vielfalt der Einflussfaktoren verdeutlicht werden. Die Einflussfaktoren bilden ein Beziehungsgeflecht der verschiedenen Bereiche der Natur- und Anthroposphäre. Schindler erläutert diesbezüglich: „Um nachhaltige Strategien entwickeln zu können, müssen gleichzeitig die Wechselwirkungen und etwaige Rückkopplungseffekte zwischen den verschiedenen Bereichen beachtet werden." (ebenda)
Um das Sahel-Syndrom besser fassen zu können, ist es möglich, sich auf den Syndromkern zu konzentrieren. Symptome des Syndromkerns sind nach Schindler (2005, S. 76) die „Bodenerosion", die „Ausweitung landwirtschaftlich genutzter Flächen" sowie die „Intensivierung der Landwirtschaft" (vgl. auch Abb. 1). Neben diesen Faktoren der Wechselwirkungen zwischen den Bereichen Pedosphäre und Wirtschaft spielt ein wichtiges Syndrom aus dem Bereich „gesellschaftliche Organisation" eine entscheidende Rolle. Unter der Begriffsgruppe „soziale und ökonomische Ausgrenzung: Verarmung" werden verschiedene Prozesse zusammengefasst, in deren Folge es

11

zur Überanspruchung der landwirtschaftlichen Nutzflächen kommt. Zugleich resultiert die Verarmung u.a. auch aus der Degradation der Umwelt.[2]

Abbildung 7 zeigt das gesamte Beziehungsgeflecht des Sahel-Syndroms, das auf dem aktuellen Erkenntnisstand über die beeinflussenden Symptome aufgebaut ist. Dabei wird der Syndromkern besonders hervorgehoben. Das Schema verdeutlicht die Vielfalt an Symptomen, die Ursache und Folge der Kernproblematik des Sahel-Syndroms sind. Zudem sind die Wechselwirkungen zwischen den Symptomen veranschaulicht. Es wird deutlich, dass eine komplexe Dynamik vorliegt, die durch die verschiedenen Rückkopplungseffekte zwischen den verschiedenen disziplinären Bereichen erreicht wird.

Die Pfeile symbolisieren eine verstärkte Wirkung, die Punktlinien eine abschwächende Wirkung der Symptome.

Abb. 7: Beziehungsgeflecht des Sahel-Syndroms

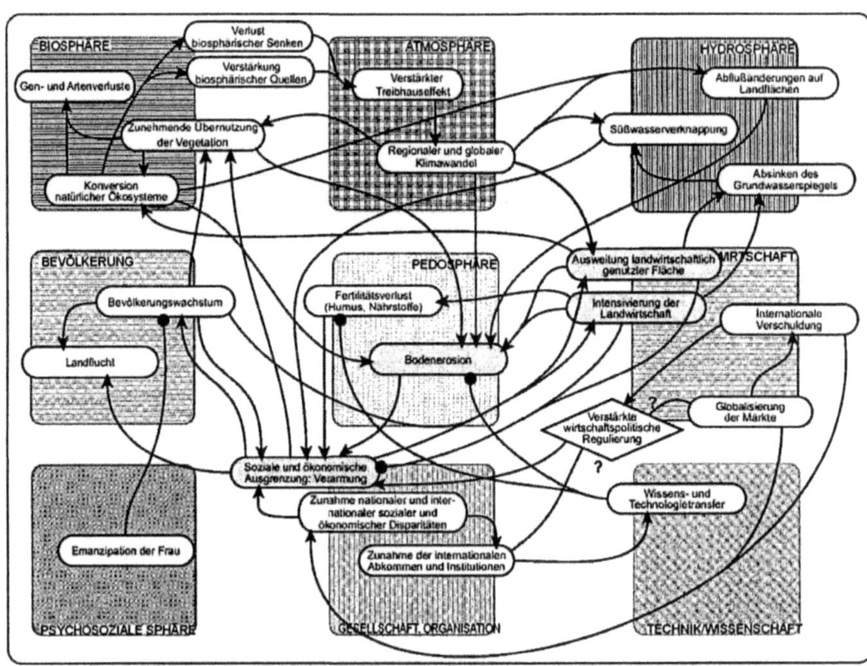

Quelle: Schindler 2005, S. 78

Es lassen sich sowohl syndromverstärkende als auch –abschwächende Symptome ableiten. Experten gehen bezüglich der syndromverstärkenden Entwicklungen davon aus, dass sich die Intensi-

---

[2] Näheres zum Symptom „Verarmung", s. Schindler 2005, S. 76 f.

vierung der Landwirtschaft fortsetzen wird. Es wird angenommen, dass die Brachezeiten des Landes weiter verkürzt werden und der Arbeitskräfteeinsatz ebenfalls eine Erhöhung erfährt. Die Landwirtschaft wird dadurch insgesamt ausgeweitet und die Anbaufläche vergrößert. Die neu erschlossenen Gebiete sind jedoch häufig für den Regenfeldbau ungünstig. Darüberhinaus entstehen Konflikte mit Nomaden, die hier ihre Flächen nutzen.

Der Staat versucht zwar, beispielsweise den Bauern die Kontrolle über die Ressourcen zu entziehen, jedoch werden den Landwirten keine Ersatzländereien zur Verfügung gestellt, was zu erneuten Konflikten und Armut führt.

Das Bevölkerungswachstum hat in den letzten Jahren zugenommen, da größere Familien auf der Mikroebene (z.B. Dörfer) anpassungsfähiger sind als kleine Familien. Auf der Makroebene bedeutet dies eine größere Nutzung der Ressourcen, die negative Auswirkungen nach sich ziehen. (Vgl. Cassel-Gintz 2002, S.19 f.)

Es gibt jedoch auch einige Faktoren, die sich positiv, also abschwächend, auf das Sahel-Syndrom auswirken. Einhergehend mit der Emanzipation der Frau ist eine Reduktion des Bevölkerungswachstums zu beobachten. Die verringerte Anzahl von Menschen benötigt entsprechend weniger Lebensmittel und zudem wird auch der Boden weniger beansprucht. Ebenso wurden mit Hilfe neuer Bewirtschaftungsformen aus der Technologie und durch den Wissenstransfer bodenschonendere Formen der Landnutzung entwickelt. Dies hat zur Folge, dass die Böden trotz der Bearbeitung nicht so sehr in Anspruch genommen werden und weniger Schaden erfahren als zuvor. (ebenda)

Nach Aufschlüsselung der Sahel-Syndrom-Problematik müssen den gewonnenen Erkenntnissen entsprechend vernetzte Lösungsstrategien herangezogen werden. Der WBGU sieht für diesen Schritt eine Einrichtung eines interdisziplinären integrativen Forschungsnetzwerkes bezüglich der Sahel-Problematik vor. „Daraus ableitend müssen mögliche Lösungsstrategien sowohl in der nationalen und internationalen Wirtschaftspolitik, als auch bei regionalen Handlungsmodellen angesetzt werden." (s. Schindler 2005, S. 79). So fordert der WBGU beispielsweise den Schutz regionaler Märkte vor subventionierten Agrarimporten, aber auch die Entwicklung alternativer Einkommensquellen für die Landbevölkerung. Wichtig ist dabei aber die Beachtung der vernetzenden Wirkungsmechanismen. (ebenda)

6. Die Anwendung des Syndromansatzes im Erdkunde-unterricht in der Schule

Die Geographie konstituiert sich im Prinzip der Vernetzung und Komplexität. Ihre Teilbereiche sind durch eine enorme Vielfalt gekennzeichnet und tragen somit ein hohes Potential als Forschungsdisziplin und Lehrfach für die Erfassung und Vermittlung der globalen Komplexität. Es zeigt sich besonders im Syndromansatz, dass „die Ursachen für Probleme nicht nur durch Analysen einiger Teilbereiche zu erforschen sind, sondern erst über die Entschlüsselung lokaler und globaler interdisziplinärer Zusammenhänge sichtbar werden" (s. Schindler 2005, S. 81). Da der Globale Wandel nicht linear-kausal erfasst werden kann, nimmt das vernetzte Denken, über das Zusammenhänge erkannt werden und nachhaltige Lösungswege gefunden werden können, somit eine zentrale Rolle ein, was jedoch auch bestimmte Fähigkeiten voraussetzt. (vgl. Schindler 2005, S. 11) Es werden über den Syndromansatz Ursachen-Wirkungsnetze beschrieben und dabei auch Rückkopplungs- und Synergieeffekte berücksichtigt. Zudem bietet der Ansatz durch seine relative Offenheit und Flexibilität Möglichkeiten, regionale Individualitäten mit einzubinden. (Schindler 2005, S. 58)

Der Syndromansatz bietet sich für den Unterricht in der Schule geradezu an, da er die anthropo- und physische Geographie verbindet und auch einen Teil zur Allgemeinbildung beiträgt. Es bestehen gute Verknüpfungsmöglichkeiten einzelner Ereignisse bzw. Forschungsergebnisse mit den Curricula der einzelnen Fächer. Darüberhinaus kann der Syndromansatz als Referenzebene für die Auswahl an Unterrichtsthemen dienen und bietet außerdem relevante Kriterien für die Inhalte. (vgl. Schindler 2005, S. 84 ff.) Die Thematik der Syndromproblematik kann in unterschiedlichen Schulstufen eingesetzt werden, da der Unterrichtsstoff für die Schüler didaktisch reduziert werden kann. Für eine Anwendung des Syndromansatzes spräche auch die umgangssprachliche Formulierung der Symptome (vgl. Schindler 2005, S. 54). Um die komplexen Syndrome, die meist durch viele Symptome charakterisiert sind und dadurch zur Unüberschaubarkeit neigen, greifbar machen zu können, ist es im Sinne der didaktischen Reduzierung möglich, lediglich auf den Syndromkern eines Syndroms zurückzugreifen. Wichtig ist jedoch, dass die Vernetzung überschaubar bleibt, ohne jedoch wichtige Prozesse auszublenden.

Auf diese Weise könnte man die Thematik auch problemlos in der Sekundarstufe 1 unterrichten. Schülerinnen und Schüler (SUS) der Sekundarstufe 2 sollten sich aber jederzeit darüber im Klaren sein, dass Syndrome ein komplexes System darstellen, die stets durch weitere Symptome, beispielsweise durch neue Forschungserkenntnisse, erweitert werden können.

Die Erarbeitung der einzelnen Syndrome kann methodisch abwechslungsreich gestaltet werden. So können verschiedene Unterrichtsmaterialien wie z.B. Statistiken, Karten, Zeitungsartikel etc. herangezogen werden, um die Syndromproblematik zu erfassen. Möglich ist auch die Arbeit in disziplinspezifischen Gruppen, die die Syndrome und den damit verbundenen Symptomen aus unterschiedlichen Perspektiven beleuchten. Syndrome bieten zudem für die SuS ein mögliches Themengebiet für die Facharbeit in der Sekundarstufe 2. Aufgrund der Interdisziplinarität des Ansatzes kann auch eine Kooperation zu anderen Schulfächern resultieren. (vgl. Schindler 2005, S. 85)

Dorothee Harenberg (2001) nennt zehn Gründe, das Syndromkonzept in den Unterricht zu integrieren (s. Schindler 2005, S. 84):

1. Verdeutlichung globaler Zusammenhänge
2. Umgang mit Komplexität und Strukturierung
3. Transsektoralität und transdisziplinäre Methode
4. Definition der fachlichen Qualität
5. Verdeutlichung der Dynamik, Geschichtlichkeit und Zukunftsbezug
6. Betroffenheit und Verantwortung von Individuen, Gesellschaft und Politik
7. Betonung der Reflexivität und Handlungsrelevanz
8. Beitrag zur Wissenschaftspropädeutik: Umgang mit Wissen und Nichtwissen
9. Problemorientierung und Lösungskompetenz
10. Gestaltungskompetenz

Dorothee Harenberg fasst mit ihren zehn Gründen die Kernstruktur des Syndromansatzes gut zusammen. Sie legitimiert auf diesem Weg das Syndromkonzept für die Anwendung in der Schule. Zudem betont Harenberg insbesondere das überfachliche Prinzip des Syndromansatzes, was einen klaren Bezug auf die Zielstellungen und Fachdefinitionen der Lehrpläne für das Fach Erdkunde ermöglicht. Vor allem die Interdisziplinarität wird durch sie herausgestellt, was ein zentraler Punkt des Syndromansatzes ist. (vgl. Schindler 2005, S. 85)

7 Fazit

Insgesamt sei hervorgehoben, dass das Modell des Syndromansatzes zwar für den Unterricht in der Schule geeignet ist, aber in Zukunft noch verändert bzw. verbessert und erweitert werden kann und muss. Als Kritik am Syndromansatz muss an dieser Stelle angebracht werden, dass im Syndromansatz der akteurstheoretische Bezug fehlt. Es wird nicht eindeutig geklärt, welche Politiken oder Interessen für die Syndromproblematik zuständig sind. Darüberhinaus muss verdeutlicht werden, welchen Einfluss die einzelnen Akteure haben. Ebenfalls wird die konstruktivistische Kritik am orthodoxen Desertifikationsbegriff nicht berücksichtigt. Leitbilder legen fest, welche Umweltveränderungen toleriert werden können und welche nicht. Eine einseitige Sichtweise ist gerade bei so einem komplexen Modell nicht tolerierbar. (Krings 2002, S. 213)

Meiner Meinung nach sollte der Syndromansatz trotz dieser Kritik im Erdkundeunterricht eingesetzt werden, da er einen Beitrag für einen guten und modernen Geographieunterricht leisten kann und komplexe Syndromproblematiken durch vernetzende Denkprozesse behandelt. Der Syndromansatz stellt dennoch nur _eine_ Möglichkeit dar, um den Erdkundeunterricht mit neuen methodischen Herangehensweisen zu erweitern. Es sollte aber stets bedacht werden, dass es noch viele andere Möglichkeiten gibt, an die Phänomene dieser Welt heranzutreten.

Anhang

Abb.: Bodendegradation im Sahel durch unangepasste Landnutzung

Übernutzung durch Ackerbau:
- Ersatz und Beseitigung der verbliebenen Vegetationsreste durch Land-kultivierung sowie der Anbau in Monokulturen
- unangepasste Bodenbearbeitungsmaßnahmen Auslaugung der ohnehin nährstoffarmen Böden durch unangepasst Formen des Ackerbaus (nutrient mining)

Übernutzung der Wasserressourcen:
- durch Grundwasserabsenkung Verminderung der Bodenfeuchte und damit die pflanzliche Wasserversorgung
- daraus folgende künstliche Bewässerung führt bei unzureichender Drainage zur Versalzung oder Alkalisierung der Oberböden

Übernutzung durch Beweidung:
- Ersatz der mehrjährigen Gräser durch einjährige, dadurch Veränderung der Artenzusammensetzung hin zu wüstenartigen Pflanzengesellschaften
- Durchwurzelungstiefe und damit der Schutz des Bodens gegen Erosion sinkt
- fortdauernder Weidedruck, einschließlich des Viehverbisses an Holzpflanzen, führt schließlich zum Verlust der Pflanzendecke
- mangelnde Pflanzenbedeckung erhöht Erosionsanfälligkeit
- Viehtritt zerstört Bodenstruktur, Organische Substanz und Nährstoffe werden aus dem System ausgetragen

Übernutzung durch Energiebedarf:
- Abholzung aufgrund des hohen Brennholzbedarfs überschreitet Regeneration durch nachwachsende Bäume erheblich
- ersatzweise Verwendung von getrocknetem Kuhdung verringert dessen Funktion als Dünger, dadurch weitere Bodenverarmung
- Folgen des Verlustes der Vegetationsbedeckung:
- Exposition des Bodens gegenüber Sonneneinstrahlung sowie verändertes Mikroklima führen zu verstärkter Bodenaustrocknung
- Bodentemperaturen von 60 °C und mehr resultieren in Aridifizierung der Böden, dadurch zusätzlich erhöhte Anfälligkeit für Winderosion und extremen Umweltbedingungen für die verbliebenen Pflanzen, gleichzeitig Änderung der physikalischen Eigenschaften des Bodens
- veränderte Standortsituation begünstigen trockenheitsangepasste (xeromorphe) Pflanzen, dadurch Änderung der Artenzusammensetzung
- verstärkter „splash-effect" bei Regen mit Auffüllung der Bodenporen, was bei anschließender Austrocknung zu Krustenbildung und Oberflächenversiegelung führt; dadurch verstärkter Oberflächenabfluss bei hoher Intensität der Regenereignisse und in dessen Folge hohe Wassererosionsraten und Verlust der Oberböden
- steigender Bodenaustrag durch Winderosion bei sinkender Vegetationsbedeckung

Quelle: Schindler 2005, S. 73

Literaturverzeichnis

Cassel-Gintz, M. und Harenberg, D. (2002): BLK-Programm „21". Nr. 1: Interdisziplinäres Wissen. Syndrome globalen Wandels als Ansatz interdisziplinären Lernens in der Sekundarstufe. Ein Handbuch mit Basis- und Hintergrundmaterial für Lehrerinnen und Lehrer. Online-Zugriff: http://www.dekade.org/transfer_21/wsm/01.pdf (zuletzt abgerufen am 28.11.2009)

Krings, T. (2002): Zur Kritik des Sahel-Syndromansatzes aus der Sicht der Politischen Ökologie. In: Geographische Zeitschrift 90, H.3 + 4: 129-141.

Pilardeaux, B. (1998): Syndrome des Globalen Wandels. Ein neuer Ansatz zur Erdsystemanalyse. In: GR 49, H.5: 314-315.

Schindler, J. (2005): Syndromansatz. Ein praktisches Instrument für die Geographiedidaktik. Münster (Praxis Neue Kulturgeographie, Bd.1).

<u>Internet:</u>

http://www.omnia-verlag.de/oe_img/Umwelt_02/Zuordnung.jpg (abgerufen am 28.11.09)

http://www.pik-potsdam.de/research/publications/pikreports/.files/pr71.pdf (abgerufen am 30.11.09)

BEI GRIN MACHT SICH IHR WISSEN BEZAHLT

- Wir veröffentlichen Ihre Hausarbeit,
  Bachelor- und Masterarbeit

- Ihr eigenes eBook und Buch -
  weltweit in allen wichtigen Shops

- Verdienen Sie an jedem Verkauf

Jetzt bei www.GRIN.com hochladen
und kostenlos publizieren